ARAÑAS

ESPELUZNANTES PERO GENIALES

Julie K. Lundgren
Traducción de Sophia Barba-Heredia

Un libro de El Semillero de Crabtree

CRABTREE
Publishing Company

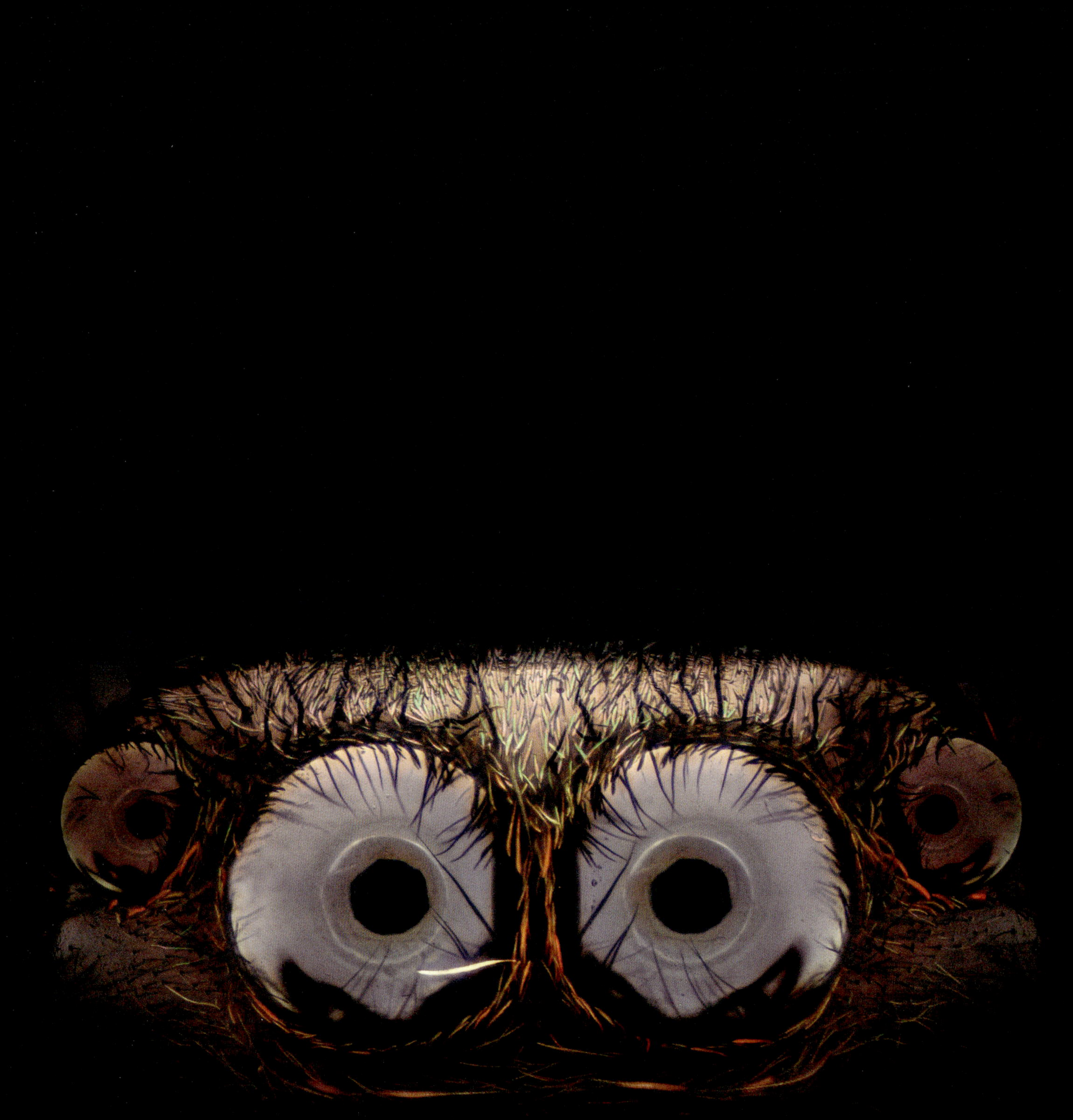

ÍNDICE

¿Insecto o araña? 4
La peluda verdad 8
Cazadoras mortales 12
Ciclo de vida 18
Etiqueta a la araña 22
Glosario 23
Índice analítico 23

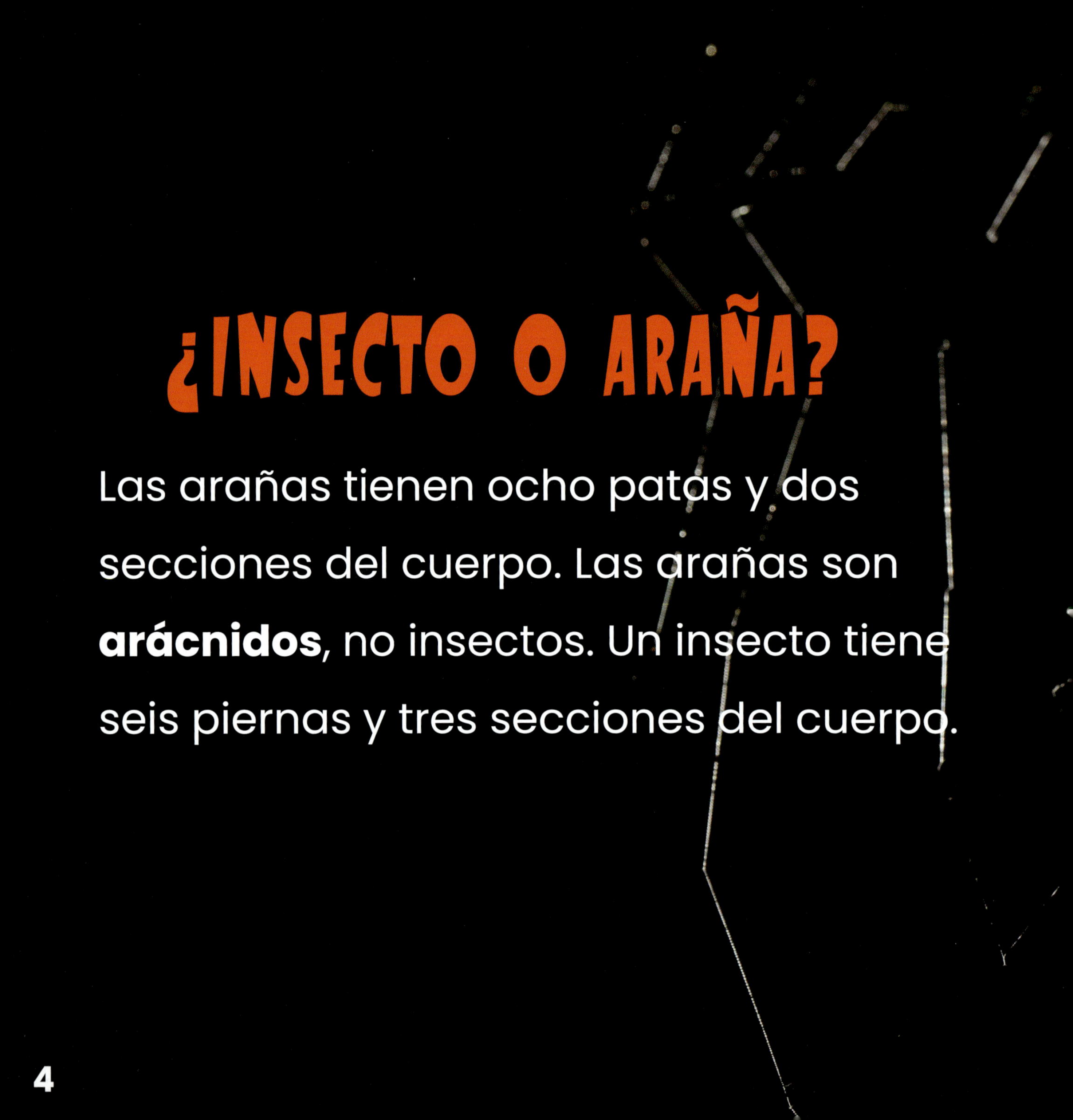

¿INSECTO O ARAÑA?

Las arañas tienen ocho patas y dos secciones del cuerpo. Las arañas son **arácnidos**, no insectos. Un insecto tiene seis piernas y tres secciones del cuerpo.

SECCIONES DEL CUERPO DE LA ARAÑA

Muchas arañas tienen ocho ojos. Deben tener buena vista, ¿no? Usualmente no. Pero pueden sentir la luz y la oscuridad.

ACERCAMIENTO ESPELUZNANTE PERO GENIAL

¡QUÉ INCREÍBLES OJOS, Y OJOS, Y OJOS!

araña saltarina

LA PELUDA VERDAD

Las arañas pueden ser pequeñas, gigantes, suaves, peludas, flacas o gordas.

La diminuta araña saltarina puede caber en una uña.

La tarántula Goliat o pajarera, la araña más grande del mundo, apenas cabe en un plato de comida.

Algunos pelos de las arañas incrementan su sentido del tacto. Otro sentido escucha ondas, un poco como las orejas.

La tarántula azul de Paraguaná está cubierta de pelos.

Las arañas tienen diferentes colores y patrones. Algunas se confunden con el entorno. Llamamos a esto **camuflaje**.

Las arañas lobo se esconden a plena vista.

La araña cangrejo de las flores combina con las flores.

CAZADORAS MORTALES

Todas las arañas son **carnívoras**. Muchas cazan insectos, aunque otras comen ratones, pájaros y otras arañas.

araña avispa

Algunas arañas usan seda de su hilera para tejer telarañas y cazar a sus presas. La hilera de una serpiente puede hacer diferentes tipos y grosores de seda.

Diferentes tipos de serpientes hacen diferentes tipos de telarañas:

Telarañas irregulares: *Hilos sin orden.*

Telarañas de hoja: *Una capa de seda, usualmente en lo alto del pasto o de los arbustos.*

Telarañas de embudo: *Como las telarañas de hoja, excepto que tienen un túnel central donde la araña se esconde.*

Telarañas de espiral: *Pegajosos círculos dentro de círculos que cuelgan de ramas, edificios u otras estructuras.*

Las arañas que no usan telarañas tienden **emboscadas** a sus presas.

Las arañas pescadoras lanzan ataques bajo el agua a insectos que pasan o a peces pequeños.

La mayoría de las arañas no se comen a sus presas completas. Algunas usan sus colmillo para inyectarles **veneno**. El veneno convierte las entrañas de las presas en líquidas, así la araña puede beberlas como una sopa.

CICLO DE VIDA

Las arañas envuelven sus huevos en un saco de seda. Algunas arañas pueden poner solo uno o dos huevos. ¡Algunas arañas pueden poner más de dos mil!

Cuando nacen, las crías de araña lucen como pequeños adultos.

Las arañas en crecimiento **mudan** varias veces. Su duro **exoesqueleto** se desliza revelando uno nuevo y más grande.

La mayoría de las arañas viven solo uno o dos años. Las arañas más grandes, como las tarántulas, pueden vivir más de veinte años.

Muchas personas tienen estas espeluznantes pero geniales depredadoras como mascotas ¿Tú lo harías?

tarántula mexicana de piernas rojas

ETIQUETA A LA ARAÑA

Empareja cada una de las siguientes palabras con su caja correspondiente:

abdomen
cefalotórax
patas
hileras

Respuestas: **a.** hileras, **b.** abdomen, **c.** cefalotórax, **d.** patas

GLOSARIO

arácnidos: Animales con ocho patas, dos secciones del cuerpo y sin alas o antenas.

camuflaje: Colores y patrones del animal que se confunden con el entorno para ayudarlos a permanecer escondidos.

carnívoras: Que atrapan y comen a otros animales.

emboscadas: Que se esconden para atacar por sorpresa, como sigilosas ninjas.

exoesqueleto: La dura cubierta externa que da soporte al cuerpo del animal sin huesos.

mudan: Que se desprenden de su piel o de una cubierta exterior para que el animal pueda crecer.

veneno: Sustancia tóxica usada para aturdir o matar presas, suministrada a través de una mordida.

ÍNDICE ANALÍTICO

cazar: 14
exoesqueleto: 20
huevos: 18
insecto(s): 4, 12, 16
mudan: 20
ojos: 6, 7
pelos: 10
presas: 14, 16, 17
seda: 14, 15, 18
telarañas: 14, 15, 16
veneno: 17

Apoyos de la escuela a los hogares para cuidadores y maestros

Este libro ayuda a los niños en su desarrollo al permitirles practicar la lectura. Abajo están algunas preguntas guía para ayudar al lector a fortalecer sus habilidades de comprensión. En rojo hay algunas opciones de respuesta.

Antes de leer:

- **¿De qué pienso que tratará este libro?** *Pienso que este libro es sobre muchos tipos diferentes de arañas. Pienso que este libro es sobre cómo las arañas hacen telarañas.*
- **¿Qué quiero aprender sobre este tema?** *Quiero aprender cómo una araña hace su telaraña. Quiero aprender si hay alguna araña venenosa que pueda matar humanos.*

Durante la lectura:

- **Me pregunto por qué...** *Me pregunto por qué las arañas tienen ocho ojos y ocho patas. Me pregunto por qué algunos pelos de araña pueden sentir las ondas de sonido como si fueran pequeñas orejas.*
- **¿Qué he aprendido hasta ahora?** *Aprendí que todas las arañas son carnívoras. Aprendí que la mayoría de las arañas inyectan veneno que convierte las entrañas de la presa en un líquido que las arañas beben.*

Después de leer:

- **¿Qué detalles aprendí de este tema?** *Aprendí que la mayoría de las arañas viven solo uno o dos años. Aprendí que las arañas grandes, como las tarántulas, pueden vivir más de veinte años.*
- **Lee el libro de nuevo y busca las palabras del glosario.** *Veo la palabra* ***arácnidos*** *en la página 4 y la palabra* ***mudan*** *en la página 20. Las demás palabras del vocabulario están en la página 23.*

Library and Archives Canada Cataloguing in Publication
Title: Arañas / Julie K. Lundgren ; traducción de Sophia Barba-Heredia.
Other titles: Spiders. Spanish
Names: Lundgren, Julie K., author. | Barba-Heredia, Sophia, translator.
Description: Series statement: Espeluznantes pero geniales | Translation of: Spiders. | Includes index. | "Un libro de el semillero de Crabtree". | Text in Spanish.
Identifiers: Canadiana (print) 20210257512 | Canadiana (ebook) 20210257520 | ISBN 9781039618657 (hardcover) | ISBN 9781039618770 (softcover) | ISBN 9781039618893 (HTML) | ISBN 9781039619012 (EPUB) | ISBN 9781039619135 (read-along ebook)
Subjects: LCSH: Spiders—Juvenile literature.
Classification: LCC QL458.4 .L8618 2022 | DDC j595.4/4—dc23

Library of Congress Cataloging-in-Publication Data
Names: Lundgren, Julie K., author.
Title: Arañas / Julie K. Lundgren ; traducción de Sophia Barba-Heredia.
Other titles: Spiders. Spanish
Description: New York : Crabtree Publishing, 2022. | Series: Espeluznantes pero geniales - un libro el semillero de Crabtree | Includes index.
Identifiers: LCCN 2021031647 (print) | LCCN 2021031648 (ebook) | ISBN 9781039618657 (hardcover) | ISBN 9781039618770 (paperback) | ISBN 9781039618893 (ebook) | ISBN 9781039619012 (epub) | ISBN 9781039619135
Subjects: LCSH: Spiders--Juvenile literature.
Classification: LCC QL458.4 .L8618 2022 (print) | LCC QL458.4 (ebook) | DDC 595.4/4--dc23
LC record available at https://lccn.loc.gov/2021031647
LC ebook record available at https://lccn.loc.gov/2021031648

Crabtree Publishing Company
www.crabtreebooks.com 1–800–387–7650

Published in the United States
Crabtree Publishing
347 Fifth Ave.
Suite 1402-145
New York, NY 10016

Published in Canada
Crabtree Publishing
616 Welland Ave.
St. Catharines, Ontario
L2M 5V6

Written by Julie K. Lundgren
Translation to Spanish: Sophia Barba-Heredia
Spanish-language layout and proofread: Base Tres
Print coordinator: Katherine Berti
Printed in the U.S.A./092021/CG20210616

Print book version produced jointly with Blue Door Education in 2022

Photo credits: Cover ©shutterstock.com/Pablo Hidalgo - Fotos593, page 2 © istockphoto/ ConstantinCornel, page 4-5 ©shutterstock.com/James L. Davidson, video ©GlobalStock, page 6-7 ©shutterstock.com/skynetphoto. page 8 ©shutterstock.com/89studio, page 9 dinner plate ©shutterstock.com/ILYA AKINSHIN, fork © studioVin, Goliath spider © Snakecollector. page 10 © Cathy Keifer, page 11 © Amir Ridhwan, crab spider ©shutterstock.com/Lidara. page 12-13 ©shutterstock.com/Cathy Keifer. page 14 ©shutterstock.com/Eric Isselee. page 15 messy web © J.Gatherum, sheet web ©Ilya Sirota, funnel web © PHOTO FUN, orb web © Mark Carthy, Page 16 © Brian Lasenby. Page 17 fangs © D. Kucharski K. Kucharska, Page 18 wrapping eggs in silk © Cathy Keifer. Page 19 spiderlings © Dr. Morley Read, Page 20 spider molting ©shutterstock.com/noppharat; Page 21 ©shutterstock.com/cowboy54. Page 22 © Eric Isselee